+ 不可思议的数据 +

地球房屋

[法]爱玛纽埃尔·菲古拉 文　[法]萨拉·塔韦尼耶 [法]亚历山大·韦里耶 绘　李倩 译

乐乐趣

陕西新华出版传媒集团
陕西人民教育出版社
·西安·

目录

　　我们的地球是一个充满生机的家园，我们可以把它的结构比作一座房子，把大陆比作居住的房间，把生活在这里的人类比作房客……地球上各种生物与环境之间形成了一个平衡稳定的生态系统，但是人类逐渐打破了这种至关重要的平衡。幸运的是，在这个世界上，总有一群人在努力保护这颗美丽的星球。现在，让我们紧跟科学发展的步伐，一起来探索地球不为人知的秘密吧！

建造房屋

地球的诞生

建设者：宇宙先生	项目性质

开工伊始：	没人知道宇宙形成的具体时间和方式。大多数科学家认为，宇宙诞生于一次大爆炸。
工程批次：	从那次宇宙大爆炸开始，拥有着恒星和行星的星系陆续出现了。
建设规模：	大得无法描述。
发证时间：	约140亿年前。
城市数量：	宇宙中约有 20 000 亿个星系，而行星地球是组成它们的无数天体之一。

宇宙大爆炸

② 施工计划

☐ 计划一：平板屋

公元前 5 世纪以前，古希腊哲学家把地球想象成一个圆盘。为什么地球不会掉下去呢？有人认为是柱子在支撑着它，也有人认为它浮在水上或飘在空中。

海洋 欧洲 亚洲 非洲

☐ 计划二：球体屋

从公元前 5 世纪开始，哲学家意识到地球可能是一个球体。同一时间在世界不同纬度的地方，人们可以用相同的方式观察到一模一样的星空吗？答案是不可以！因为地球的曲面影响了人们全面观察天空的视野。

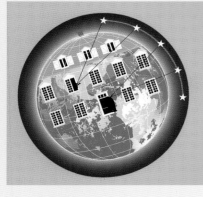

地球的形成用了约 3 000 万年！

初生的地球表面是由岩浆组成的海洋，而不是现在的水汇聚成的海洋。

☐ 计划三：扁球屋

公元 17 世纪，科学家发现了万有引力——任何有质量的物体之间都有的相互吸引力。由于万有引力的存在，地球不断地绕太阳公转，并发生自转。赤道地区被"甩"得膨了出去，所以地球是一个"腰部"隆起、两极略扁的扁球体。

地球直径约为澳大利亚南北距离的 4 倍！

12 756 千米

澳大利亚

☑ 计划四：土豆屋

多亏了人造卫星收集的数据，科学家经过推算，发现地球的表面是高低起伏、凹凸不平的。这让地球看起来就像一个大土豆。

地球表面积大约是 510 000 000 平方千米。

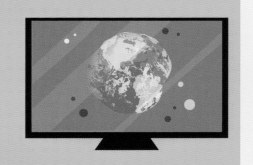

≈900× 法国

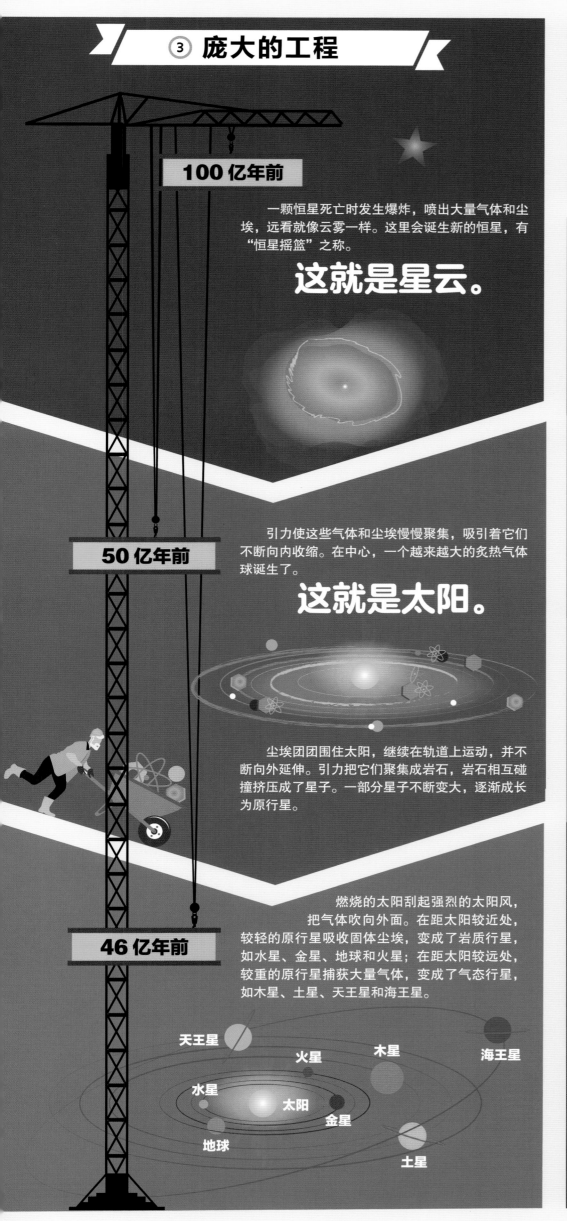

③ 庞大的工程

100 亿年前

一颗恒星死亡时发生爆炸,喷出大量气体和尘埃,远看就像云雾一样。这里会诞生新的恒星,有"恒星摇篮"之称。

这就是星云。

50 亿年前

引力使这些气体和尘埃慢慢聚集,吸引着它们不断向内收缩。在中心,一个越来越大的炙热气体球诞生了。

这就是太阳。

尘埃团团围住太阳,继续在轨道上运动,并不断向外延伸。引力把它们聚集成岩石,岩石相互碰撞挤压成了星子。一部分星子不断变大,逐渐成长为原行星。

46 亿年前

燃烧的太阳刮起强烈的太阳风,把气体吹向外面。在距太阳较近处,较轻的原行星吸收固体尘埃,变成了岩质行星,如水星、金星、地球和火星;在距太阳较远处,较重的原行星捕获大量气体,变成了气态行星,如木星、土星、天王星和海王星。

天王星　火星　木星　海王星
水星　太阳　金星
地球　土星

地球质量大约为 5.97×10^{24} 千克,相当于 60 亿亿个埃菲尔铁塔那么重。

房屋建造初期

地球诞生之初像一团熊熊燃烧的云,由硅、氧、铁、镍、铝等元素构成。

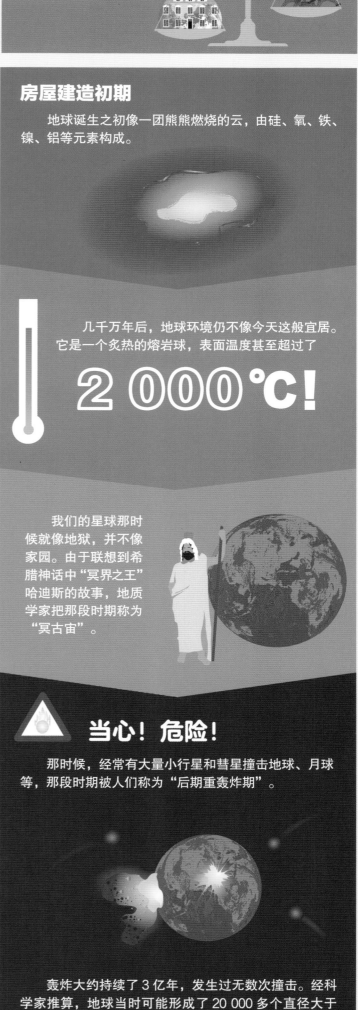

几千万年后,地球环境仍不像今天这般宜居。它是一个炙热的熔岩球,表面温度甚至超过了

2 000℃!

我们的星球那时候就像地狱,并不像家园。由于联想到希腊神话中"冥界之王"哈迪斯的故事,地质学家把那段时期称为"冥古宙"。

⚠ 当心!危险!

那时候,经常有大量小行星和彗星撞击地球、月球等,那段时期被人们称为"后期重轰炸期"。

轰炸大约持续了 3 亿年,发生过无数次撞击。经科学家推算,地球当时可能形成了 20 000 多个直径大于 20 千米的撞击坑。

④ 最后一道工序

随着时间的推移，地球表面的温度不断下降。大约 **39 亿**年前，地表温度约为 **70~80℃**，之后继续下降了一段时间。大约 **38 亿**年前，海洋中孕育出了生命。

大气层

地球内部的岩浆喷发，释放出大量水蒸气、氮气和二氧化碳等气体，这是稀薄的早期大气。之后在太阳和生物等的影响下，形成了现在的大气层。

地壳

地球中硅、铝等较轻的元素浮到地球表面，形成地壳。

地核

地球中铁、镍等较重的元素沉入地球核心，形成地核。

海洋

随着地球冷却，水蒸气凝结成雨降落地面，逐渐汇聚成海洋。此外，坠落地球的陨石也是水的来源之一。海洋可能"只"用了 1.5 亿年就形成了。

⑤ 成分

地球是一颗由岩石构成的岩质行星，拥有 92 种天然元素。

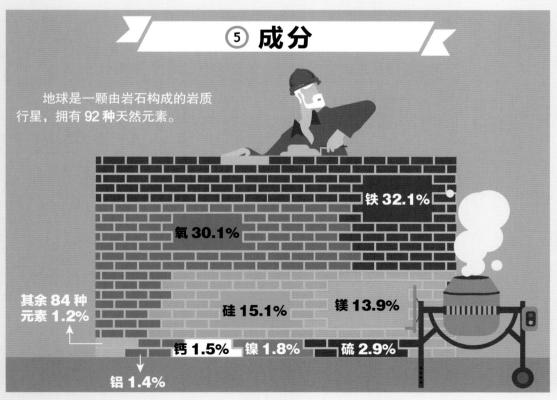

铁 32.1%
氧 30.1%
其余 84 种元素 1.2%
硅 15.1%
镁 13.9%
钙 1.5%
镍 1.8%
硫 2.9%
铝 1.4%

⑥ 房屋地址

国家（本星系群）

我们不知道宇宙到底长什么样，也不知道它的范围究竟有多大，所以很难确定银河系的详细位置。我们只知道银河系位于本星系群中，这个星系群聚集了约 50 个星系呢！

银河系

城市（银河系）

太阳系位于银河系中。银河系就像一个巨大的旋涡，中心有一个明亮的核，从那儿伸出 **4 条**布满星的巨大旋臂。太阳处在一条猎户座旋臂上，距离银河系中心约 **30 000** 光年。

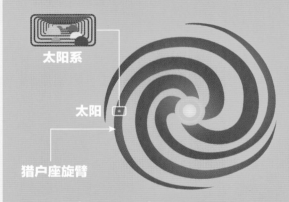

太阳系
太阳
猎户座旋臂

社区（太阳系）

地球位于太阳系。太阳系的成员有恒星太阳、八大行星及天然卫星、矮行星、小行星和彗星等数亿颗天体。

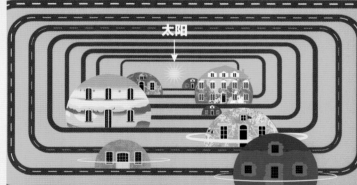

太阳

具体地址

地球是太阳系中由内及外的第三颗行星，离太阳更近的两颗行星分别是金星和水星。

地球

⑦ 建一个车库

约 **45 亿**年前，地球温度还很高，一颗名叫"忒伊亚"的天体直扑而来。

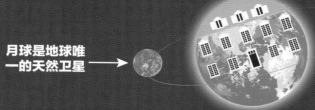

月球是地球唯一的天然卫星 →

最近有科学家提出，要形成像月球这么大的卫星，大约要撞击20次才行。不过这个理论才刚提出，还备受争议。

这场撞击非常惨烈，大量燃烧着的碎片喷向太空。之后，引力使碎片围绕着地球旋转起来，并慢慢聚集成一个巨大的球体。于是，月球诞生了！

4×

月球直径约为

3 476 千米，

略大于地球直径的 1/4。

月球

地球

大约 4 天 7 小时

人类第一次登上月球大约用了 4 天 7 小时。1969 年 7 月 20 日，阿波罗 11 号任务中的尼尔·阿姆斯特朗和巴兹·奥尔德林成功登月。

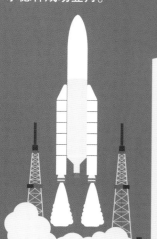

航天器的速度决定了人类抵达月球需要花费的时间。

大约 9 小时

2006 年，"新地平线号"探测器搭乘宇宙神 5 号运载火箭，从发射到经过月球约用了 9 小时。

蓝色弹珠

1972 年 12 月 7 日，阿波罗 17 号太空船船员在距地球约 45 000 千米的太空，为地球拍摄了这张"肖像"。在这张照片中，地球看起来就像一颗蓝色弹珠。

月球每小时绕地球公转 3 683 千米，相当于飞机飞行速度的 4~5 倍。

---

⑧ 车库到房屋的距离

据科学家计算，月球刚诞生时，与地球平均距离约为 22 500 千米。目前，月球以每年约 3.8 厘米的速度远离地球。

以前

+ 约 3.8 厘米 / 年

现如今，月球与地球的平均距离约为 384 400 千米。

---

⑨ 移动的车库

月球是一个绕地球运动的天体，转一圈约需要 27.3 天。

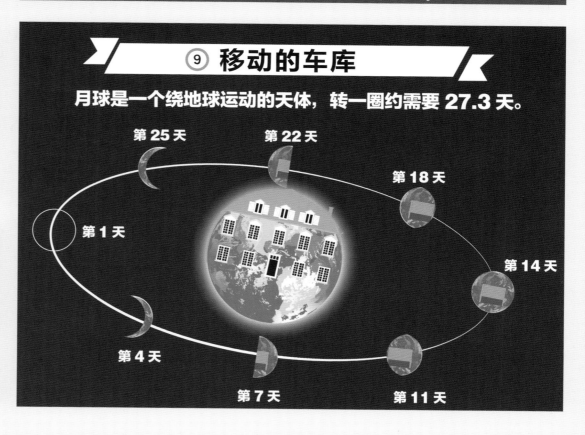

第 25 天   第 22 天

第 18 天

第 1 天

第 14 天

第 4 天

第 7 天   第 11 天

地下室

地幔和地核

地幔约占地球体积的 **82%**

地核约占地球体积的 **16%**

---

① 英厄·莱曼

英厄·莱曼是一位丹麦地震学家。1936年，她通过研究地震波轨迹，发现地核里面还藏了一个固体内核。在此之前，大家以为整个地核都是液态的。由于这个贡献，1971年她成为第一位获得威廉·鲍威奖的女性，该奖项是美国地球物理联盟的最高荣誉。

内核　地幔　外核

---

② 天然发电机

地球的固体内核沿地球自转方向旋转，但速度要快一些。地球的外核是液态金属的"海洋"，沿地球自转的反方向旋转。液态金属的运动产生了电流，并创造了磁场。

地球赤道上的自转速度约为每小时 1 700 千米。

≈ **5 ×** F1 赛车速度

---

③ 莫霍面

1909年，安德烈·莫霍洛维契奇发现，地壳和地幔之间是不连续的，存在一个突变的界面。人们将地幔和地壳的分界面称为"莫霍洛维契奇界面"，简称"莫霍面"。

---

④ 双层地下室

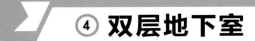

莫霍面
地壳
地幔

负1层

这一层是地幔，它主要由橄榄岩、榴辉岩等坚硬的岩石组成。

0 千米
33 千米
2 900 千米
外核

负2层

地核位于地幔的下面，分为外核和内核。外核是像糖浆一样的液态金属，它包裹着内核。内核是一个炙热的固体球，由铁、镍等物质构成。

地球的内核和月球差不多大。

内核
6 378 千米

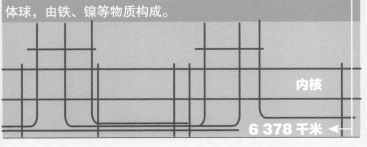

---

⑤ 锅炉

在地球内部，温度随深度的变化而变化。内核温度超过5 000℃，外核温度在4 000℃左右，而地幔温度约为100~4 000℃。越接近地表，温度就越接近地表的平均温度——

15℃。

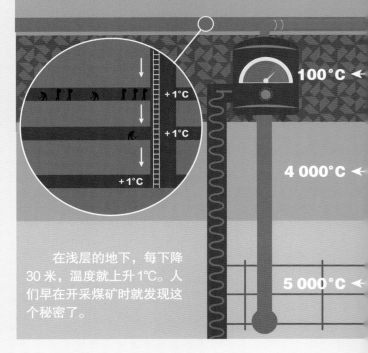

+1℃
+1℃
+1℃

100℃
4 000℃
5 000℃

在浅层的地下，每下降30米，温度就上升1℃。人们早在开采煤矿时就发现这个秘密了。

⑦ 房屋安保系统

太阳时刻向广袤的空间释放大量带电粒子，科学家把这一现象比喻为"太阳打喷嚏"。这些粒子形成的带电粒子流被人们称为太阳风。在地球附近，太阳风的平均速度约为**每秒 400 千米**。

启动（磁场工作）

太阳风可能会对生命体造成致命影响，幸好有无形的力量——地磁场在保护我们。地磁场包围着地球，外边界距离地面约 60 000 千米，这个屏障能很好地阻拦太阳风进入大气层。

待机（磁场漏洞）

地磁场在南北两极的"安保"薄弱，所以太阳带电粒子流会趁虚而入。当太阳粒子撞击大气中的氧气和氮气等物质时，会在天空形成绚丽多彩的光辉，这就是极光。出现在北极的叫北极光，出现在南极的叫南极光。

关闭（磁场失效）

地球暴露在太阳风中，而太阳每秒要喷射出上百万吨的带电粒子。它们一旦穿越大气层，会干扰人造卫星和全球定位系统，还有地球上的电子设备。如果没有地磁场，炽热的太阳风会蒸干海洋，吹走大气，摧毁一切生命！

⑥ 热水箱

地球内部有水吗？可能有。科学家在地幔深处发现了一些神奇的岩石，比如林伍德石，在那里竟然有水分子的踪迹。

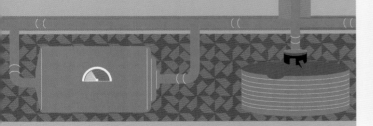

虽然科学家不确定地球内部到底含有多少水，也不知道它有多深，但他们确信地球内部有水。

球内部可能有个大热水箱，它的水可能超过了地表海洋的总水量。

⑧ 保质期

人们普遍认为，地磁场的出现是由外核的液态金属流动引起的。而地球的外核正在慢慢冷却，并且正以每年约 1 毫米的速度凝固。

科学家预计，外核完全凝固还需要几十亿年的时间。所以地磁场还能保卫地球相当长的时间。

地板

地壳和板块

11 千米

1. 浴室的薄地板

大洋地壳主要由玄武岩等岩石组成，约占地球表面积的59%。它的厚度一般为2~11千米。

地壳位于地幔的上面，是我们星球的固体外壳，它和上地幔顶部共同组成了岩石圈。岩石圈不像鸡蛋壳那样是完整的，而像一张巨大的拼图。它被海沟、海岭和巨大的山脉分割成了六大板块和许多小板块。

80 千米

2. 房间的厚地板

大陆地壳主要由花岗岩和玄武岩等岩石组成，约占地球表面积的41%。它的厚度一般为15~80千米。

如果把地球比作足球，那么地壳厚度不到1毫米。

环太平洋地震带分布在太平洋周围，地球上约

80%

的地震都发生在这里。

② 漂浮的地板

在我们脚下深处，地幔的岩石因为受热，总在发生缓慢的变形和运动。较热的岩石上浮，较冷的岩石下沉，这样就形成了对流运动。结果是什么呢？地幔的对流驱使地壳板块发生运动。这就是著名的板块构造说。

1912年，德国的阿尔弗雷德·魏格纳提出大陆漂移说。他认为地球上的大陆曾经是一整块的，后来它破裂成了几块，并在不断地漂移着。

③ 地板破裂

板块构造说认为，运动的板块会相互碰撞、分离或挤压。板块在运动过程中受力，就会变形。一旦达到破裂点，它们会瞬间断裂，造成大大小小的震动。

这就是地震！

④ 地震仪

地震仪能测量地震释放能量的大小，人们据此来确定震级。震级一般为 0~9.5 级。地震的强度是根据地震烈度表来评估的，下面的地震烈度表描述了当 I~XII 级烈度的地震发生时人类的感受或物体的变化。

烈度	描述
I / II	几乎无感觉
III / IV	轻微摇晃
V	梦中惊醒
VI	家具移动
VII	墙壁破裂
VIII / IX	房屋倒塌
X	桥梁摧毁
XI / XII	城市毁灭

地球平均每天发生约 **300 次 3 级及以上**的地震。幸好绝大多数地震都很微弱，不会造成破坏。

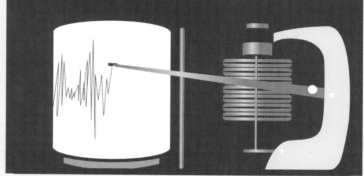

9.5 级的史上最强地震

1960 年，智利的瓦尔迪维亚发生了一场 **9.5 级**的史上最强地震。这场超级大地震摧毁了这座城市，还引发了一场巨大海啸。海啸掀起高达 25 米的海浪，它们以每小时 600~700 千米的速度冲向海岸。

⑤ 寻找裂缝

地震发生在断层上，这些地壳裂缝一般位于板块与板块的交界处。

⑥ 地板变形！

当两个板块相互分离或挤压时，炽热的岩浆可能会从地幔深处涌向地面，这时一座火山就诞生了。

⑦ 预测地震？

太难了！尽管我们已经知道了地震带的位置，还是无法有效预测地震。那么，人类该如何保护自己呢？在常发生地震的国家，如智利、日本和中国等国，人们建造了抗震建筑，它们经得起摇晃，不容易倒塌。

地震发生时，我们要就近躲到能掩护身体的结实物体下方，远离玻璃等易碎物品，避免被砸伤刺伤。震后，我们要迅速撤离到安全的地方。

地毯

土壤

土壤的厚度

土壤的平均厚度约为1米,不同地方的土壤厚度不一。黄土高原的黄土厚度达上百米,而许多农田的土壤厚度不足半米。

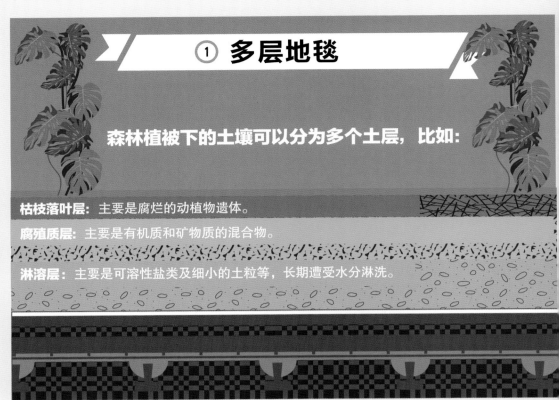

① 多层地毯

森林植被下的土壤可以分为多个土层,比如:

枯枝落叶层: 主要是腐烂的动植物遗体。

腐殖质层: 主要是有机质和矿物质的混合物。

淋溶层: 主要是可溶性盐类及细小的土粒等,长期遭受水分淋洗。

土壤形成的过程需要100~10 000年,具体需要多久主要取决于土壤的形成环境。

② 土壤色卡

土壤的外貌和组成受多种因素影响,如气候、地壳特征、栖息的生物,以及人类的种植养殖活动等。土壤大致可以分为8种主要类型。

全球土壤深度1米的有机碳储量约为15万亿吨,大约是植物有机碳库的3倍,大气碳库的2倍。

发育于暖温带旱生森林、灌丛或草原下的土壤,分布在希腊、西班牙等国。土壤较肥沃。

发育于干旱、半干旱荒漠地区及滨海地区等的土壤,分布在贝宁、马里等国。土壤有盐积层或碱积层,肥力较弱。

发育于暖温带森林下的土壤,分布在法国、德国等国。土壤非常肥沃。

发育于冷湿气候的针叶林下的土壤,分布在俄罗斯、加拿大等国。土壤有机质含量少,肥力较弱。

燥红土 · 砖红壤 · 棕壤 · 褐土 · 盐成土 · 黑土 · 灰化土 · 水成土

发育于湿热气候的热带雨林或季雨林下的土壤,分布在巴西、圭亚那等国。土壤土层深厚,呈酸性,肥力较弱。

发育于热带和南亚热带稀树草原植被下的土壤,分布在肯尼亚、坦桑尼亚等国。土壤贫瘠,且肥力较弱。

发育于季节性或长期积水地区和喜湿性植被下的土壤,分布在法国、德国等国。土壤肥力较弱,形成过程深受水分的影响。

发育于草甸草原植被下的土壤,分布在中国、美国和乌克兰等国。土壤土层厚且富含有机质,是世界上最肥沃的土壤。

③ 浴垫

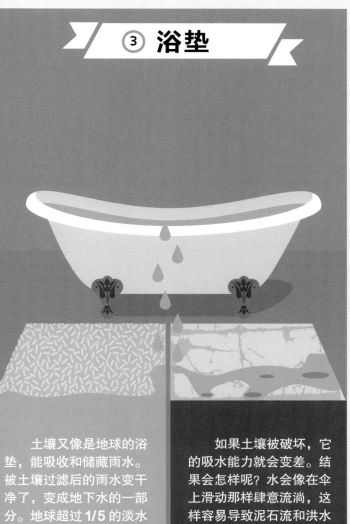

土壤又像是地球的浴垫，能吸收和储藏雨水。被土壤过滤后的雨水变干净了，变成地下水的一部分。地球超过 1/5 的淡水都在地下。

如果土壤被破坏，它的吸水能力就会变差。结果会怎样呢？水会像在伞上滑动那样肆意流淌，这样容易导致泥石流和洪水等自然灾害的发生。

④ 地毯里的生物

土壤是植物吸取养分的地方，也是多种动物生存的家园。**3 000 多种**蚯蚓发挥着改良土壤的作用，失去了它们，土壤很快会变得贫瘠。在我们平常看不到的地下，还生活着大量的生物，如螨虫、细菌、真菌……它们使土壤更加肥沃。

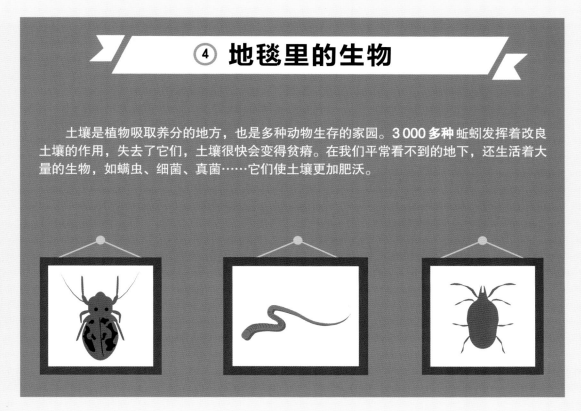

1/4

地球上大约 1/4 的物种生活在土壤中。

一勺花园土壤中至少有6亿个生物，土壤会为它们提供生存需要的各种营养物质。

地球上可耕地面积约占陆地面积的20%。

由于气候干燥、山坡陡峭、土壤潮湿和岩石过多等原因，地球上超过 **80%** 的土地都十分贫瘠。

⑤ 地毯上有破洞

反对破坏

在过去的 100 年里，人类活动已经严重污染了土壤，比如使用化肥和农药、修建房屋和道路、排放污染物、填埋垃圾……这些行为破坏了土壤的生态平衡，使土壤失去活力。后果是什么呢？今天，地球上已有超过 **33%** 的土壤退化了。

解决方案

人类需要从食物中摄取营养，因此我们种植植物和饲养动物的土壤与我们的身体健康息息相关。幸好人类有办法来保护土壤，比如发展顺应自然规律的永续农业、提倡有机农业和有机养殖业、减少废弃物排放、增加资源循环利用等。

11

工作间

矿产资源

金属材料约占汽车总质量的 **80%**，其余为塑料、橡胶、玻璃和陶瓷等。

金属

人们用金属等资源来生产各种日常用品，如餐具、电脑和汽车零件等。

① 储藏室

地壳就像一个巨型工作间，几乎为我们提供了发展工业所需要的一切，比如煤、石油和天然气等化石燃料，石灰石和大理石等岩石，铁、铜等金属，石英、高岭石和方解石等 **4 000 多种**矿物。

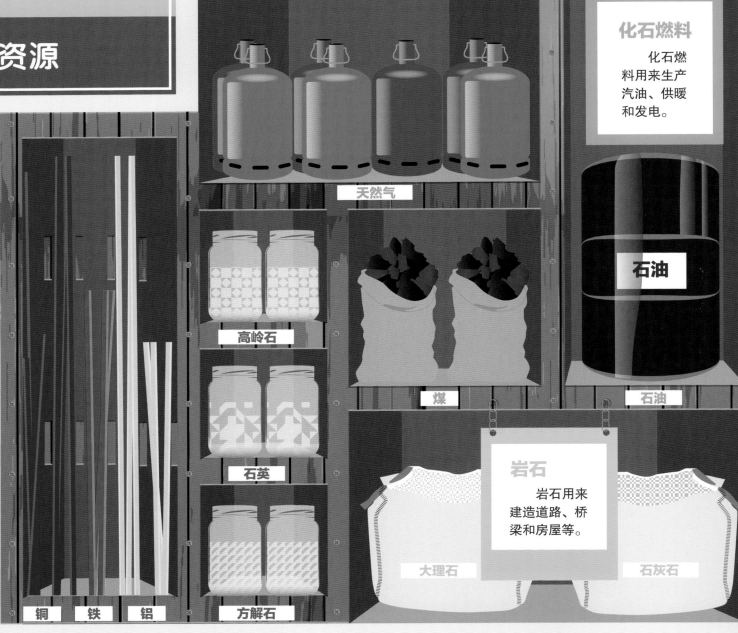

化石燃料

化石燃料用来生产汽油、供暖和发电。

天然气

高岭石

煤

石英

石油

岩石

岩石用来建造道路、桥梁和房屋等。

大理石   石灰石

方解石

铜   铁   铝

② 货架很快空空如也？

化石燃料

化石燃料是由很久之前的动植物遗骸在地下经过漫长、复杂的变化而形成的。它们在相当长的时期内都不可再生，储量有限。所以人类用得越多，就剩得越少。

全球库存可能会在 50 年后耗尽。

全球库存可能会在 150 年左右耗尽。

全球库存可能会在 25 年内耗尽。

金属

地下的金属矿产储量有限，如锌、铜和铅等。由于人类的过度开采，这些资源日趋枯竭！

铅

全球库存可能会在 20 年左右耗尽。

天然气   石油   煤   铜   锌

③ 保险箱

这 4 种最稀有、最昂贵的宝石，常被用来制作珠宝。

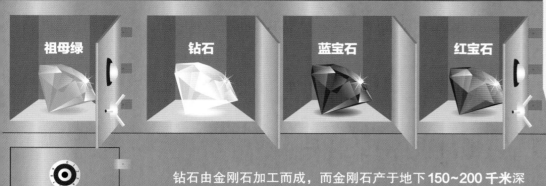

祖母绿　钻石　蓝宝石　红宝石

钻石由金刚石加工而成，而金刚石产于地下 150~200 千米深的地方。当火山喷发时，金刚石会随着岩浆喷射出来，并形成原生金刚石矿。很久之后，熄灭的古老火山口被建成矿井，人们在这里发现了金刚石。

④ 补货

资源库存快没有了，不过日用品中的金属回收后还能再利用，如易拉罐、电脑、手机和电视机等中的金属。这样既节约自然资源，又避免了过度开采带来的环境污染。

举个例子：铝

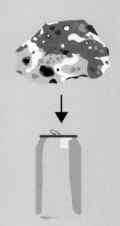

1. 易拉罐中的铝来自铝土矿，它的储量非常有限，而且开采时对环境污染严重。

2. 我们要把易拉罐扔进"可回收物"垃圾箱。

3. 易拉罐被运到铝加工厂，熔化成液态铝后，被人们加工成了超薄的铝板。

⑤ 替代品

关键问题：化石燃料

石油、天然气和煤用起来很方便，但燃烧时会释放污染大气的废气，加剧气候变暖。

南非的一些矿山中的金刚石形成于 30 亿年前，比挟带它们的岩石还要古老。

解决方案：可再生能源

太阳能、风能、水能和地热能都可以用来产热和发电，而且污染小。更重要的是，它们都是可再生能源。这几种能源有希望解决未来的能源短缺问题，所以全世界都在大力提倡开发它们。

4. 随后，这些铝板再被制作成自行车车架、汽车零件……也可能成为新易拉罐！

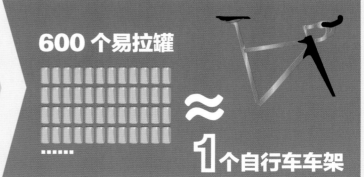

600 个易拉罐 ≈ 1 个自行车车架

楼层和屋顶

地形

波兰地势南高北低，约3/4的土地都是海拔低于200米的平原。

有趣的是，它的国名恰好就和这个国家的地势有关，"波兰"这个词在斯拉夫语中就是"平原"的意思。

波兰地势图

■ 海拔 600 米以上
□ 海拔 200~600 米
□ 海拔 200 米以下

三楼和阁楼

山地面积约占地球陆地面积的 **30%**，约有 **10%** 的人在这里生活。要知道，海拔越高，住的人就越少。全球约 20% 的人住在海拔 500 米以上的地方，约 8% 的人住在海拔 1 000 米以上的地方，约 1.5%的人住在海拔 2 000 米以上的地方。

二楼

海拔 200~500 米的地方，多是坡度较缓、连绵不断的山丘，这就是丘陵。它们的坡度比山地小，常位于山地、高原与平原的过渡地带。

一楼

平原起伏较小，平坦宽广，海拔一般在 200 米以下。平原往往濒临大海，有江河流过，非常适合发展农业，也利于交通、建筑业的发展。所以，平原上生活着全球超过 50% 的人。

① 屋顶

那些高耸的尖顶山峰，往往形成的时间较晚，还没有因为侵蚀作用变得平缓。阿尔卑斯山脉就是这样，它是欧洲最高和最年轻的山脉，大约诞生于 4 400 万年前。

阿尔卑斯山脉的最高峰是勃朗峰。

海拔 4 807 米

② 楼层

海拔500 米以上的地方，多是山地和高原。这里有陡峭的岩石群，有险峻的山峰，还有坡度较缓的山峦。有的坡度平缓的地方被人们称为高原，它们被大峡谷或山脉分割开来，如果没有高架桥或盘山公路等就很难跨越。

丘陵 + 山地 + 高原 ≈ 3/4 陆地

海拔 500 米

海拔 200 米

③ 风向标

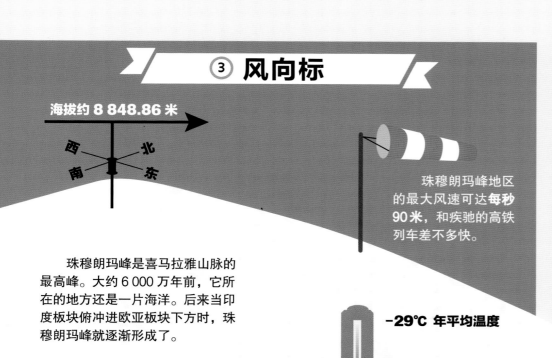

海拔约 **8 848.86 米**

西 北 南 东

珠穆朗玛峰地区的最大风速可达**每秒90米**，和疾驰的高铁列车差不多快。

珠穆朗玛峰是喜马拉雅山脉的最高峰。大约 **6 000 万年前**，它所在的地方还是一片海洋。后来当印度板块俯冲进欧亚板块下方时，珠穆朗玛峰就逐渐形成了。

-29℃ 年平均温度

-60℃ 最低温度

④ 烟囱

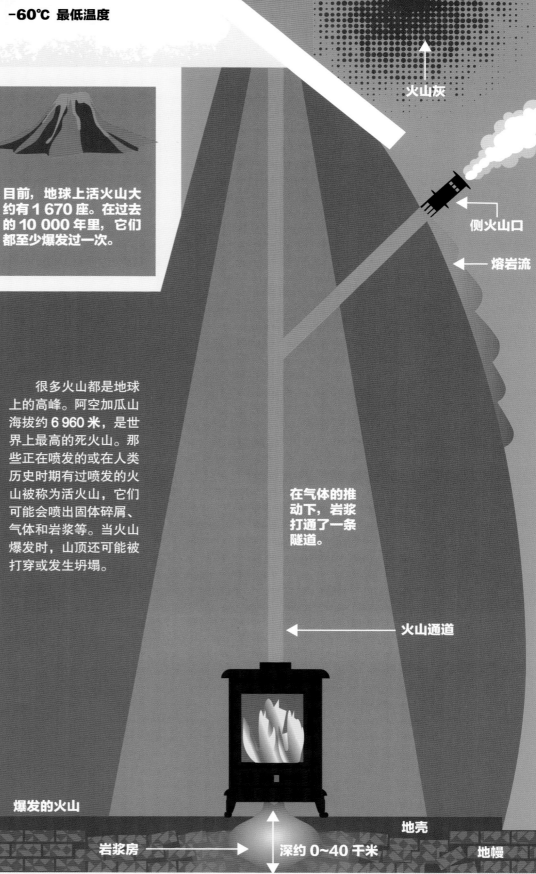

火山弹

火山口

火山口是喷出岩浆的大洞。

火山灰

侧火山口

熔岩流

在气体的推动下，岩浆打通了一条隧道。

火山通道

地壳

深约 **0~40 千米**

地幔

岩浆房

爆发的火山

14座山峰

全球海拔 **8 000 米**以上的山峰有**14 座**，如珠穆朗玛峰、乔戈里峰、干城章嘉峰、洛子峰、马卡鲁峰等。这些山峰坐落在喜马拉雅山脉和喀喇昆仑山脉，横跨中国、巴基斯坦、尼泊尔和印度等国。

目前，地球上活火山大约有 **1 670 座**。在过去的 **10 000 年**里，它们都至少爆发过一次。

很多火山都是地球上的高峰。阿空加瓜山海拔约 **6 960 米**，是世界上最高的死火山。那些正在喷发的或在人类历史时期有过喷发的火山被称为活火山，它们可能会喷出固体碎屑、气体和岩浆等。当火山爆发时，山顶还可能被打穿或发生坍塌。

⑧ 千克垃圾

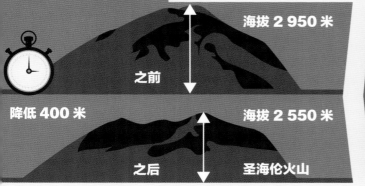

尼泊尔政府规定，珠穆朗玛峰的攀登者需要额外带走山上的 **8 千克**垃圾，否则登山前交的"垃圾押金"就不退还了。

自1953年人类首次登顶珠穆朗玛峰以来，山上留下了成吨的废弃氧气瓶和绳索等垃圾。尼泊尔政府的这项措施，有助于清理这座被严重污染的山。

圣海伦火山

1980 年 5 月 18 日，圣海伦火山爆发，喷出近 2.3 立方千米的火山灰和碎屑。猛烈的火山喷发摧毁了方圆 600 平方千米的森林。在极短的时间里，火山发生垮塌，山顶消失了，圣海伦火山的海拔降低了 400 米。

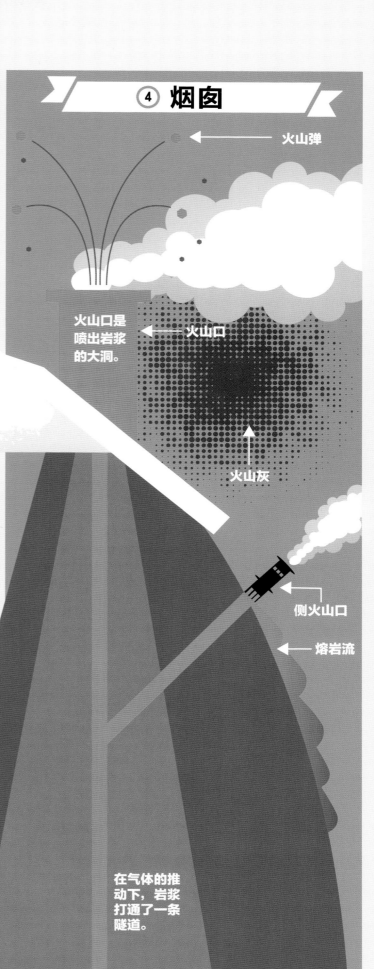

海拔 **2 950 米**

之前

降低 **400 米**

海拔 **2 550 米**

之后

圣海伦火山

室内给水排水系统

淡水资源

超过 **1 400 000 千米**

2017年，中国的自来水管道总长度超过 **1 400 000** 千米，可绕地球赤道 35 圈。

世界上大约有 1/3 的人仍缺乏安全饮用水。

① 自来水

从太空看，地球是蓝色的。海洋约占地球表面积的 71%。

大多数的水，人类都无法直接利用。

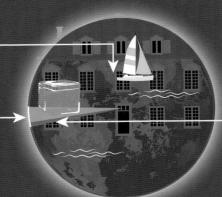

咸水：约 **97.5%**

淡水：约 **2.5%**

冰川和冰山多集中在南北两极地区，约占地球淡水资源总量的 3/4。

约 **0.7%**

只有约 1/4 的淡水资源（河流、湖泊、地下水等），人类利用起来很方便。这部分水量约占地球水资源总量的 0.7 %。

② 管道系统

我们家中的饮用水来自地表的江河和地下水等。

人类可以直接利用的淡水量约占水资源总量的 **0.7%**！

供水

人们抽取江河水和地下水，用管道把它们送到自来水厂。这些水只有经过专业的处理，检测达标了，才能送到我们的家中。

排水

人们做饭、洗衣、冲厕所所排出的废水要先进行废水处理，然后才能排到大自然中。在一些贫穷落后的国家，废水未经处理就直接排放了，这样会污染水体，导致水中的生物死亡。

③ 可再生资源

2. 水蒸气受冷凝结成小水滴，在天空中聚集成一朵朵云。

3. 随后，云变成雨或雪降落到地面，成了冰川、江河和地下水等的一部分。

1. 太阳烘烤着大地，海洋、湖泊和江河等水域中的水蒸发，大气层中水蒸气越积越多。

淡水的储存量虽然不大，但它一直在地球上循环着。

④ 全球淡水都用在哪儿了？

农业耗费约 **70%** 的淡水，例如灌溉耕地。

工业耗费约 **20%** 的淡水。

日常生活耗费约 10% 的淡水。

⑤ 淡水资源短缺

当地球上有的地方下着暴雨或暴雪时，有的地方正遭受着干旱。结果呢？一些国家淡水资源丰富，而另一些国家严重缺水。

这 9 个国家拥有地球上超过 50% 的淡水，分别是巴西、俄罗斯、加拿大、中国、美国、印度尼西亚、印度、哥伦比亚和刚果。

中东地区严重缺乏淡水资源。以色列人均淡水资源量不到中国的 1/5，不到加拿大的 1/200。而阿联酋和科威特等国几乎没有淡水储备。

淡水

生产 **1 千克牛肉** 需要 **15 400 升水**，是种植 **1 千克西红柿耗水量的 72 倍**。

⑥ 节约用水

地球上的人越多，需要的水就越多。全球需水量每年大约增长 1%。如今全球气候变暖，干旱的情况愈演愈烈，这太可怕了！我们要积极应对气候变化，节约水资源，最好把废水也收集起来，处理后再利用。

怎样获得更多淡水？

海水淡化是个好办法！人们先抽取海水，过滤掉藻类和沙子等，再用特殊装置去除盐分，淡水就产生了。人们还可以向云层发射装有碘化银的降雨炮弹，促进水蒸气凝结，最终形成降雨。许多国家都在用这两种方法来获取更多淡水。

浴室和卫生间

海洋

① 豪华浴缸

覆盖在地球表面的海水组成了一个美丽的海洋世界。这里有四大洋，即太平洋、大西洋、印度洋和北冰洋，还有地中海、黑海和红海等多片海域。

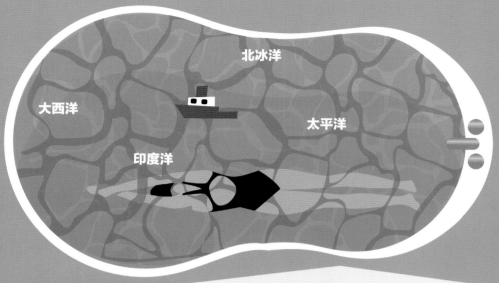

北冰洋

大西洋

太平洋

印度洋

高科技设备

空气净化器

　　二氧化碳的增多是导致气候变暖的重要原因，而我们每年排放的近 **30%** 的二氧化碳被海洋吸收了。我们尤其要感谢微小的藻类，这些浮游植物能吸收二氧化碳，并释放出供我们呼吸的氧气。当然，冰冷的海水功劳也很大，它能够溶解部分二氧化碳。

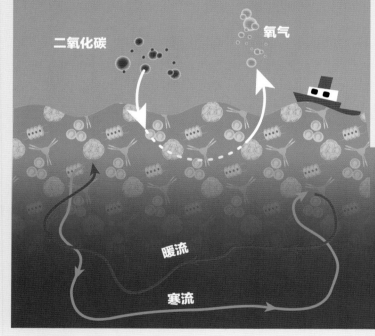

二氧化碳

氧气

暖流

寒流

海洋的生态平衡关乎人类的存亡，人类必须要好好保护它！

海洋

总面积约为 **3.6 亿平方千米**。

总体积约为 **13.7 亿立方千米**。

平均深度约为 **3 800 米**。

最深处位于太平洋西部的马里亚纳海沟，深达 **11 034 米**。

按摩浴缸

　　洋流是海水沿一定方向的大规模流动，宽几十到几百千米，长数千千米。从水温高的海区流向水温低的海区的洋流叫暖流，如墨西哥湾暖流、日本暖流；从水温低的海区流向水温高的海区的洋流叫寒流，如拉布拉多寒流、千岛寒流。

温度调节器

　　海洋是地表温度的主要调节器。它吸收太阳的热量，并通过洋流将热量重新分配到世界各地。海洋还会把一部分热量直接释放到大气里。

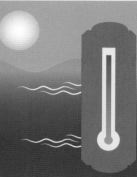

② 注意浴缸的水温！

　　由于气候变化，海洋的温度上升了，这让科学家们非常担忧。

　　要知道，水温越高，海洋上的龙卷风和暴风雨就越大，巨大的热带风暴会变得越发猛烈，破坏性也大大增强。

　　由于水温升高和海洋污染加剧，水中的氧含量变少了，这让海洋中出现了许多"死亡地带"。生活在那里的生物如果不能及时逃离，就可能窒息而死。

③ 水溢出浴缸了

到 2100 年，海平面可能会上升约 1 米。

水温越高，海平面就越高。这不仅仅是因为海水受热会膨胀，冰川的融化也增加了海水量。20世纪以来，全球海平面上升了10~20厘米，并且未来还可能会加速上升。

海平面上升的过程中，海水可能会吞没岛屿，淹没沙滩和海岸，甚至还会摧毁城市。如果海水渗入了地下水系统，原本的淡水就会变咸。到那时，淡水资源会更加稀缺，地球上将有更多的人面临缺水危机。

④ 洗澡水里的污垢

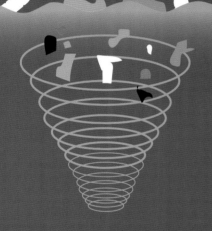

2050年的目标：海洋里的塑料比鱼少！

越来越多的人呼吁减少塑料制品的生产和使用，从而减少海洋污染。每年都会有上百万吨的瓶子、包装袋和渔网等塑料制品进入海洋。它们沿着洋流聚集，变成了漂浮在海面上的"第八大陆"——巨型垃圾岛。在太平洋和北大西洋的洋流漩涡处，人们已经发现了好几座"垃圾岛"。

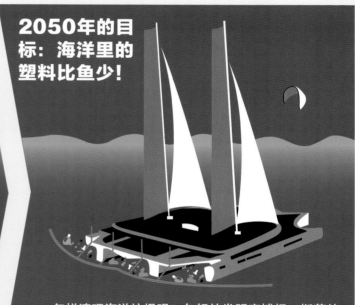

怎样清理海洋垃圾呢？年轻的发明家博扬·斯莱特设计出了"巨型漏斗"装置。它由船只和带筛网的超长浮动条组成。借助洋流运动，海洋中的大块塑料垃圾会自己"跑"进装置里。

太平洋垃圾岛有1/6个中国那么大，深达30米！

塑料垃圾每年导致约100万只海鸟和约10万只海洋哺乳动物失去生命。

⑤ 卫生间

约80%的海洋污染来自陆地，风雨和江河担任了搬运工的角色。有哪些污染呢？工业废物、农药、化肥、污水和塑料等。海洋生物、渔业和海洋生态平衡正遭受着严重的威胁。

船只会向海洋排放石油，而且排放量还不是个小数目，每年都有几十万吨。

照明和供暖

太阳和气候

太阳直径大约是地球直径的 **100 倍。**

① 太阳能电池板

太阳和地球相距约 **1.5 亿千米**

太阳和数以亿计的其他恒星一样，是一个主要由氢、氦构成的炽热气体球。太阳内部每时每刻都在发生着核反应，这正是太阳产生能量的地方。随后，这些能量进入宇宙，照亮并温暖了地球。

② 恒温器

说明书

大气层

°C
45
35
25
15
5
-5
-15

大气层像被子一样包裹着地球，保留住太阳光的热量，这就是大气保温效应。多亏了大气层，地球的平均气温保持在 15℃ 左右。如果失去了它，平均气温可能会下降到 -18℃，那时地球将被冰雪覆盖。

2016 年是自 1880 年以来最热的一年，全球平均气温高出工业化前的平均气温约 1.1℃。别小看它，这足以扰乱地球的气候了！

太阳中心温度高达 **1 500 万℃。**

表面温度"仅"约 **5 500℃。**

解决方案

科学家预测，到 2100 年，全球气温可能会比 21 世纪初高出 2~5℃，这将导致灾难性的后果。很多国家已经开始控制大气保温效应，减少大气保温气体的产生，重视开发太阳能、风能等清洁能源，以及减少石油、煤等化石燃料的使用。

异常

地球释放出水蒸气、甲烷和二氧化碳等大气保温气体，它们能给地球保暖。人类活动，如交通、工业、养殖和燃烧化石燃料等也会产生这些气体。大气保温气体变多会让地球升温，促使气候变暖。地球上许多灾难都和气候变暖有关，如干旱、饥荒、森林火灾、海平面上升、暴风雨、龙卷风、物种灭绝和水资源匮乏等等。

2018 年 +2~5℃ **2100 年**

③ 保温故障

曾经至少有三次，地球完全被冰雪覆盖，变成了"雪球地球"：

约 24 亿年前~21 亿年前：
休伦冰期。
约 7.2 亿年前~6.6 亿年前：
斯图特冰期。
约 6.51 亿年前~6.35 亿年前：
马里诺冰期。

这些"保温故障"可能是由蓝藻的出现引起的。蓝藻释放出大量氧气，破坏了大气保温效应。大气这个"保温盖"消失了，这让地球变得十分寒冷。

④ 照明

地球绕太阳公转的平均速度约为
每秒 29.8 千米。

实际上，我们说的"一年"就是地球绕太阳公转一圈的时间，大约 365 天。地球公转一圈所走的路程约为 10 亿千米，公转方向和自转方向一样，都是自西向东。正是地球公转让地球出现了交替的四季、不同的气候带和长短变化的昼夜。

⑤ 不同的照明时长

6 个月

在 3 月至 9 月，北极上空太阳不会落下，这种现象被称为极昼，而南极的极昼发生在 9 月至来年 3 月。

太阳终日不出的现象被称为极夜，在极点这种现象每年也长达 6 个月之久。当北极为极昼时，南极为极夜，反之一样。

9~16 个小时

日照时长会随着季节变化而变化。在中国、美国和日本等北半球国家，冬至过后，白昼一天天变长，在 6 月 22 日前后的夏至这天达到顶峰，日照时长达 16 个小时左右；夏至过后，白昼一天天变短，在 12 月 22 日前后的冬至这天最短，日照时长仅 9 个小时左右。

12 个小时

赤道环绕着地球"腰部"，是一条假想线。它到两极的距离相等，把地球分成了南半球和北半球。赤道穿过加蓬、印度尼西亚、厄瓜多尔等 10 多个国家。赤道上昼夜等长，任何季节的日照时长都是 12 个小时。

⑥ 烟雾报警器

交通、供暖和工业活动会向大气中排放各种废物，如有害气体、灰尘等。这些废物进入到我们赖以生存的空气中会怎样呢？要知道，全球约 1/10 的人类死亡都是由肺癌、哮喘等呼吸系统疾病造成的！

房间
大陆

目前，地球的陆地面积接近 1.5 亿平方千米，约占地球表面积的 **29%**！

② 变回单间？

现在，大陆板块仍然每年移动约 1~10 厘米。照这个速度下去，**2.5 亿年**后大陆可能又会变成一整块。当然，也有科学家不这么认为。

每年移动约 1~10 厘米

① 房间的变迁

地球上一切都在变化着，大陆的数量和形状也不例外。地表实际上是由很多大陆板块构成的，每一块都在运动和演变着。

最早的单间

约 2.2 亿年前，地球上只有一块大陆——盘古大陆，那时的海洋围绕着它。

盘古大陆

泛大洋

盘古大陆

观点 1

南美洲和北美洲合并，在北极撞上欧亚大陆，形成阿美西亚大陆。

阿美西亚大陆

南极洲

大洋洲

非洲

两居室

盘古大陆被正在形成的特提斯海隔开，分成了两块大陆。

劳亚古陆

特提斯海

冈瓦纳古陆

泛大洋

观点 2

非洲、欧亚大陆和美洲合并成终极盘古大陆。

南极洲

大洋洲

终极盘古大陆

现在的房间

随后，这两块大陆继续分离……

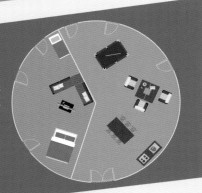

大洋洲

亚洲

美洲

南极洲

欧洲

非洲

观点 3

太平洋消失，大洋洲和东亚合并后，南极洲向北移动，最终形成新盘古大陆。

新盘古大陆

地球上究竟有六大洲还是七大洲呢？大多数人认为有七大洲，分别是北美洲、南美洲、欧洲、非洲、亚洲、大洋洲和南极洲。不过有人会把欧洲和亚洲合称为欧亚大陆，也有人会把北美洲和南美洲合称为美洲，这样地球上就只有六大洲。

北美洲　欧洲　亚洲

南美洲　非洲　大洋洲

南极洲

北美洲　欧亚大陆　亚洲

南美洲　非洲　大洋洲

南极洲

欧洲　亚洲

美洲　非洲

大洋洲

南极洲

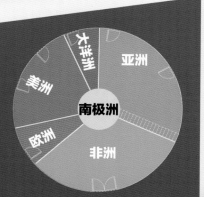

书房

大洋洲面积约 900 万平方千米，分布着 16 个国家（地区），如澳大利亚、新西兰和巴布亚新几内亚等。除南极洲以外，大洋洲是人口最少的大陆，只有 4 200 多万人。但大洋洲拥有许多岛屿，它由澳大利亚大陆和 10 000 多个岛屿组成。大洋洲被称为"大洋环绕的陆地"。

大卧室

美洲面积约 4 200 万平方千米，分布着 35 个国家（地区），超过 10 亿人住在这里。巴拿马地峡位于美洲中部，连接着北美洲和南美洲。巴拿马运河开凿于其上，连接着大西洋的加勒比海和太平洋。

巨型餐厅

亚洲是面积最大且人口最多的大陆，约 4 400 万平方千米，分布着 47 个国家（地区）。超过 46 亿人生活在这里，约占全球总人口的 60%。亚洲一半以上的人都住在中国和印度。

小卧室

欧洲面积约 1 016 万平方千米，分布着 45 个国家（地区），有约 7.5 亿人生活在这里。欧洲有 200 多种语言，不过，这和全球近 7 000 种语言相比算不了什么。

宽敞的客厅

非洲面积约 3 000 万平方千米，分布着 54 个国家（地区）。非洲是全球人口数量排名第二的大陆，超过 13 亿人生活在这里。要知道，在过去的 50 年里，这里的人口数量翻了将近两番。

25 × 法国
≈ 南极洲

南极洲总面积约为 **1 400 万平方千米**，是地球上最冷的大洲。其中大陆面积达 1 239 万平方千米，约 98% 的陆地常年被冰雪覆盖，所以南极洲有"白色大陆"之称。这里常年刮大风，最大风速可超过**每小时 320 千米**，所以又被称为"暴风之乡"。恶劣的自然环境使人类难以生存，因此人类文明从未在这里诞生。

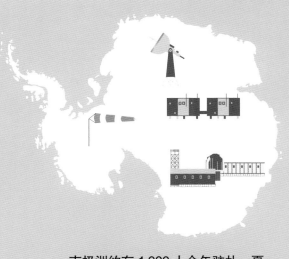

南极洲约有 1 000 人全年驻扎，夏季约有 5 000 人驻扎。他们几乎都是执行科研任务的科学家，主要生活在 60 多个观测站和 100 多个考察基地里。

14

澳大利亚大陆面积近 **770 万平方千米**，是面积最小的大陆。

× 法国

≈

澳大利亚大陆

厨房

食物

全球大约 **8.15 亿**人在忍受饥饿，主要是因为战争、洪水和干旱等。

② 储物柜

这里陈列着各种食物，有用可可豆做的巧克力、用甘蔗或甜菜做的糖，还有用小麦或板栗磨成的面粉。可以说，这些食物都是从土壤里"长"出来的。

巧克力

糖　　面粉

90%的食物来自 **8 种**动物和 **15 种**植物。动物中有牛、鸡、猪和羊等，植物中有玉米、小麦和水稻等。当然，每一大类动植物又能细分成许多品种。实际上，地球上还有很多种作物可供人们食用，种植它们有利于保护物种多样性和维护生态平衡。

① 冰箱

史前人类主要靠打猎、捕鱼和采野果为生。大约 **10 000 年**前，人类开始发展农业和养殖业。

鱼类

人们餐桌上的鱼，有些是养殖的，有些是野生的。当巨大的拖网渔船横扫海洋时，海里的许多生物都会被一网打尽。这种掠夺式的捕捞，让海洋中的鱼越来越少，所以有人强烈反对这种密集捕捞方式。此外，这种方式还可能会让海龟、鲨鱼等生物灭绝。你知道吗？每年约有 **1 000 万吨**鱼被无情地抛回大海，其中许多都是因未及时出售而死亡的鱼。

肉和鸡蛋

我们吃的肉主要来自人们饲养的猪、牛、羊等，而它们生活的环境有可能脏乱拥挤。另外，鸡肉、鸭肉也是我们常吃的。

地球上的人每年吃掉的鸡蛋超过 **1 万亿颗**。

乳制品

有时人们饲养奶牛、绵羊和山羊是为了获得鲜奶，用来制作酸奶、黄油和奶酪等。

水果和蔬菜

我们常吃的水果和蔬菜有 **100 多种**，但这并不算多，以前水果和蔬菜的种类比现在丰富多了。在过去的 100 年里，超过 **75%** 的农作物已经从地球上消失，因为农民更喜欢高产的植物品种。这不仅破坏了植物多样性，还让土壤变贫瘠了。

③ 转基因食品有害？

小麦、玉米和甘蔗是人们普遍种植的作物。

转基因的玉米、大豆和油菜等是常见的转基因植物。它们主要用于动物饲养和食品加工等。

有人对这些抗虫性强的转基因植物的安全性十分担忧，因为它们有可能危害人体健康，打破生态平衡。不过这些目前还没有被科学家证实。

④ 启动抽油烟机！

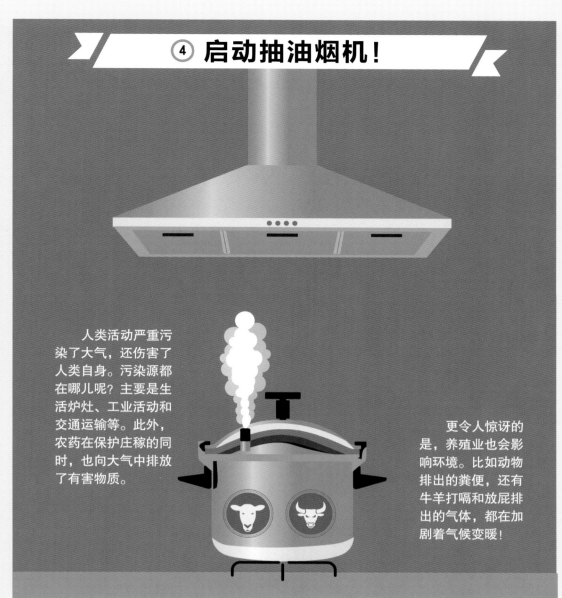

人类活动严重污染了大气，还伤害了人类自身。污染源都在哪儿呢？主要是生活炉灶、工业活动和交通运输等。此外，农药在保护庄稼的同时，也向大气中排放了有害物质。

更令人惊讶的是，养殖业也会影响环境。比如动物排出的粪便，还有牛羊打嗝和放屁排出的气体，都在加剧着气候变暖！

⑤ 零垃圾

为了减少浪费，环保组织从超市回收过期食品，买走农民那儿品相不好的蔬菜和水果，对这些食物进行加工利用。餐厅老板也建议客人不要点太多食物，并把吃剩的饭菜打包带走。

⑥ 减少厨房垃圾！

我们是用昆虫来代替平常吃的肉呢？还是成为彻底的素食主义者？或者只买无污染的有机食品？

全世界的养殖户、商家和消费者都在思考如何才能"零污染"养活所有人。

世界上每秒浪费约41.2吨食物。

杜绝浪费

杂物间

垃圾和药品

据估算，约**80%**的海洋垃圾来自陆地。垃圾通过排水管道、河流等进入海洋，对海洋的生态环境造成了危害。

放射性废物

核电站发电几乎不排放大气保温气体，但核反应堆会产生放射性废物，其中一些可能危害人体健康，还有一些甚至会污染环境长达上百万年。这些放射性废物不能被回收处理，只能被装进集装箱里，用特殊的卡车运输，最终埋在约 200 米深的地下。

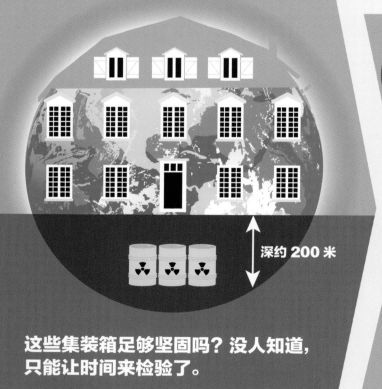

深约 200 米

这些集装箱足够坚固吗？没人知道，只能让时间来检验了。

① 巨型垃圾箱

全球每天产生 1 000 万吨以上的垃圾。

可回收物

为了避免地球变成一个巨型垃圾箱，我们应该做好垃圾分类，将塑料瓶、纸箱和易拉罐等可回收物送到工厂，将这些物品的原材料回收，并加工制造成再生纸、购物车和自行车等物品。

为了顺利回收这些垃圾，我们可以先在家里给垃圾分好类，再扔进相应的垃圾桶。

有害垃圾

有害垃圾，如用剩的油漆、废弃的灯管和水银温度计等中有危害健康和环境的物质，所以应该被送到有害垃圾回收站处理。如果它们不能被人们回收利用，就要在特殊装置中被焚烧或销毁掉。

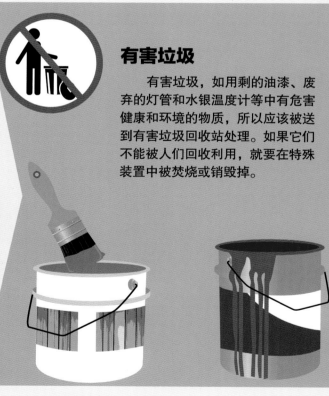

② 堆肥

咖啡滤纸　鸡蛋壳　果皮　餐巾纸

有了细菌、真菌和蚯蚓来帮忙，垃圾箱中很多东西都能变成堆肥。这种肥料富含养分，能滋养植物苗壮成长。

③ 更小的垃圾桶

怎样才能减少浪费？当然有很多方式了！你可以修理本打算丢掉的物品，还可以购买二手玩具和衣服，这样不仅能省钱，还给了物品"第二次生命"。此外，商店里出现了越来越多的散装食品，如散装的糖果、干果、谷物等，这样可以减少包装袋的使用和丢弃。

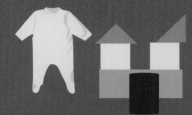

全球每年约有 **7.2 亿部**手机被丢弃。如果它们不幸未被回收再利用，这就是极大的资源浪费，而且还可能造成环境污染。

散装食品

④ 药柜

动物药

多年来，科学家们一直对动物毒液很感兴趣。他们从河豚、蜥蜴和响尾蛇等动物的毒液中，提取出了治疗疼痛、高血压、糖尿病和癌症等的药物原料。当然，还有大量动物的药用价值未被发现。

植物药

许多药都取材于植物，比如从罂粟中提取原料的止痛药吗啡、从红豆杉中提取原料的抗癌药、从白柳中提取原料的阿司匹林等。目前，仅有不足 1/5 的植物被人们发现具有药用价值。在未来，人们会研究越来越多的植物，以发现它们宝贵的药用价值。

抗生素

抗生素是指能抑制或消灭细菌、病毒等的化学物质。许多抗生素是微小真菌在攻击细菌时产生的。

1928 年人类发现了第一种抗生素——青霉素，它结束了传染病几乎无法治疗的时代。

用野生动物或植物制成的药，对治疗某些疾病有着不错的效果。

衣帽间

纺织业

衣服和石油听起来毫不沾边，但其实很多衣服的纤维都是从石油中提取的。摇粒绒、人造革、涤纶和尼龙等面料在生活中很常见，但它们的生产过程相当污染环境。

石油

全球每秒约有2 000千克合成纤维被生产出来，它们是由人工合成的高分子化合物制成的。

缺点

制造、加工和洗涤合成纤维时，会污染水和空气。

山羊和绵羊养殖场

在世界各地，人们会为了获得皮毛而饲养一些动物，如绵羊、山羊和羊驼等。人们将动物的毛剪下，再等待新毛长出来。剪下来的毛被人们洗涤、烘干和整理后，做成了纱线。很多毛衣、围巾和外套等都是用这些纱线纺织而成的。

棉花

棉花常被用来制作衣服，它是一种容易"口渴"的植物。这些毛茸茸的"白花"并不是花，而是包裹着棉籽的果实。我们得先去掉棉花果实里的籽，才能进行染色和编织等。

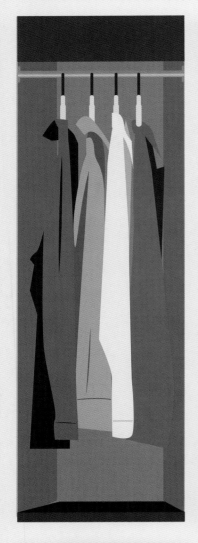

1只绵羊每年约产5千克羊毛。

全球每秒约有**800千克**棉花被生产出来，而生产这些棉花需要消耗约16 000吨水。

缺点

染料和种植园里使用的除草剂等可能会污染水、土壤和空气等。

蚕

蚕丝是蚕结茧时吐的丝。没有蚕，就没有真丝睡袍，这正是全球都流行养蚕的原因。这种贪吃的虫子最喜欢吃桑叶，所以世界很多地区的人会种植桑树。

缺点

在处理羊毛时会污染水。另外，动物也许并不喜欢被人类剪毛。

全球每秒约有**35千克羊毛**被生产出来。羊毛纤维柔软且富有弹性。

1件纯棉短袖所需的棉花需要消耗2.72吨水。

全球每秒约有5千克蚕丝被生产出来。这是一种非常珍贵的纺织原料，丝绸就是用蚕丝织成的。

缺点

农药、化肥和染料会污染水。制作过程中蚕也可能会受到伤害。

② 鞋包柜

皮革多数都来自动物。许多皮鞋、皮包和皮带是用小牛或羊羔的皮制作的。动物皮经过晾晒、打磨、浸染和涂油等，才变成了柔软、防腐和防水的皮革。这个过程会污染环境，还可能危害操作工人的身体健康。

③ 塞满的衣柜

世界上有各种漂亮衣服，它们很多都出自廉价劳动力之手，于是更加物美价廉。人们不断买新衣服，又把旧衣服扔进垃圾箱，这样既浪费资源，又污染环境。

全球每年卖出 **800多亿** 件新衣服，而这远远超出了人们的实际需求。

据统计，一件新衣服的平均使用期约为 35 天。因此我们的衣柜里积存了许多崭新的"旧衣服"。

④ 理想的着装

绿色

人们生产原料时，最理想的情况是不使用化肥和农药，这样能避免污染土壤、河流和地下水等。有机棉和野生蚕丝正是这样的绿色产品，它们的生产过程纯天然无污染，还不伤害动植物。

回收

垃圾箱不该是旧衣服的"归宿"！一件衣服最好多穿几次，别很快丢弃，如果不想穿了，还可以送到旧衣服回收站。这样就变得环保多了。

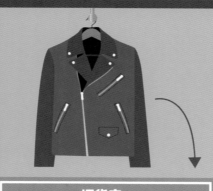

旧货店

环保

桉树、大麻、亚麻和竹子生长时不需要农药，只要一点水就能成活。许多服装制造商都选择用它们来制作衣服，这比用棉花和石油制成的纤维要环保得多。

友爱

绵羊、山羊、奶牛、蚕……人们应该爱护这些动物。在饲养时，尽可能让它们住得整洁舒适。生活中，一些环保主义者拒绝穿用动物皮毛制成的衣服，针对这种情况，商人发明出了用橡胶树汁和菠萝叶制成的植物皮革。

桉树　　大麻　　亚麻　竹子

29

花园

植物

植物的生长离不开水、阳光和土壤。世界各地的气候和土壤不同，所以植被类型也多种多样。

不同植物对环境的喜好不同。内陆地区多是北方针叶林、草原和阔叶林；山区多是山毛榉、冷杉和低矮植物；沿海地区多是阔叶林；地中海地区多是常绿硬叶林。

在人类生活的方方面面，植物都占有一席之地。它们为人类提供了食物、燃料、药物和木材等，还调节着地球气候。没有植物，人类就无法在地球上生存。

赤道

荒漠地带全年缺水，植物很难在这里生长。

赤道两侧较干燥的地区，多是热带稀树草原和干草原。这里受降雨量变化影响，旱季树木枯黄，雨季满目翠绿。

两极地区常年低温，土壤多被冻雪和岩石覆盖，所以这里只生长着少许灌木、苔藓和地衣。

赤道附近地区气候炎热，雨水充沛。这里的森林十分茂密，植物种类非常丰富。

② 树和草

植被

植被在地球上扮演着非常重要的角色，在这里生活着数百万种动物。植被滋润着土壤，还能从空气中吸收二氧化碳并释放氧气，让我们能顺畅地呼吸。

树

树的茎干一般坚硬而直立，并且寿命较长，能逐年生长。有一些矮小而丛生的树被称为灌木。多个植物学家小组统计了全球树种数量，发现地球上至少有 60 065 种树。巴西是树种最多的国家，一共有 8 715 种。

草

我们平常说的草，一般是指植株较矮小、茎干较柔软的草本植物。大多数草本植物在生长季终了的时候，其整体或地上部分会死亡。现在，地球上已发现的植物大约有 40 余万种，其中草本植物大约占 2/3。

③ 珍稀植物

全球超过 1/5 的植物物种有灭绝的危险，其中苏铁等裸子植物面临的灭绝危机尤为严重。

科学家平均每年发现约 **2 000 种** 新植物。这让我们认识到，地球是多么的生机盎然啊！

大自然中，花草树木在阳光下蓬勃生长。每当植物增加 **1 吨** 时，人类就收获其中的 **250 千克**，用来食用、制衣、保暖和盖房子等。

250 千克

为什么越来越多的植物都有灭绝的危险呢？罪魁祸首正是人类！野生兰花就是这般不幸，大自然中越来越难见到它们了。

由于人类的过度采挖和生长地被破坏，杓兰属兰花濒临灭绝。

人类每年种植约 90 亿棵树。

人类每年砍伐约 150 亿棵树。

计算可知，地球上每年大约减少 60 亿棵树。

④ 热带温室

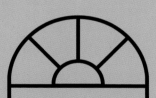

森林

在亚洲和南美洲，热带森林正以惊人的速度消失。人类将大片森林夷为平地，用来建造种植园和养殖场，或用来修筑城镇、房屋和道路等。树叶可能成了家畜的食物，树干变成家具、纸张和柴火。这正是森林目前的惨状。

危险

过度砍伐森林导致土壤变得贫瘠了，大量的动物和植物不幸灭绝。更糟糕的是，这加速了气候变暖。森林能吸收二氧化碳、净化空气，所以有"地球之肺"的美称。然而如今它们被破坏了，大气中的大气保温气体变得越来越多。

解决办法

全世界的人都在植树造林，因此森林获得了新的生机。全球还成立了许多环保组织，如世界自然基金会、绿色和平组织、中国环境保护协会等。这些环保组织提出了各种保护环境的方法，都有什么呢？比如多吃蔬菜、少吃肉、购买再生纸等。

消失

森林是人类生存发展的摇篮。然而每年约有 **12 万~15 万平方千米** 的植被消失，相当于一块标准足球场地大小的植被不到 2 秒就消失了。

房客

人类

地球上的生命是怎么诞生的呢？这依旧是个未解之谜。尽管现在有一些假说，但科学家仍不知道最早的生命产生的具体时间和方式。最早的生命有可能长得和细菌差不多。

随后，多细胞生物出现了。我们一起来探索一下吧！

海洋无脊椎动物

海洋脊椎动物

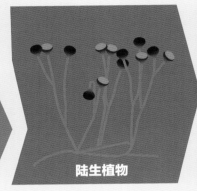

陆生植物

陆生动物

恐龙

② 现在的房客

据人类学家推算，在10 000多年前，地球上大约有500万人，不到现在地球人口的1/1 500。

2020年，地球上约有78亿人，而且人口还在不断地增长。

非洲人、欧洲人和亚洲人等都属于一种人——智人。过去人们一直认为，第一个智人出现在20万年前的东非。但在2017年，考古学家在摩洛哥发掘出了早期人类的化石残骸，年代测定的结果让他们大吃一惊——智人可能在30万年前就出现了！

哺乳动物

原始人（人类的起源）

③ 家里的人太多了！

世界上每年出生的人比死亡的人多，所以人口呈现增长趋势。

据科学家预测，2050年世界人口可能会超过90亿。

如今，地球上仍有数亿人在挨饿，那么未来我们能养活更多人吗？科学家认为可以。这意味着我们得生产更多的粮食，还要分配得更加平均。同时，我们必须要减少对地球的污染。这着实是个巨大挑战，世界各地的科学家都为此绞尽脑汁。

④ 修理房屋

损坏

我们的日常行为正伤害着大自然。不信你看，有的空房间正亮着灯，有人把新买的东西扔进了垃圾桶，还有一群人正穿着制作工艺很不环保的衣服……

生态足迹与人类活动给地球带来的压力有关，如废物排放，农业、交通发展等。

如何修理

只要改变一些小习惯，人人都能减少"生态足迹"，为保护地球出一份力。这里有些实用的好办法：你可以通过骑自行车或拼车来减少交通污染，通过随手关灯和调低暖气温度来省电，通过修理和回收物品来减少垃圾的产生。

为了计算人类的生态足迹，科学家计算出维持我们日常衣食住行所需的地域面积。结果怎么样呢？

$$1 + 0.7$$

需要 1.7 个地球才能满足我们的消耗！这就是科学家都在担忧地球的未来的原因。

⑤ 住房公约

到目前为止，世界各地还有许多人无法获得足够的水和食物，享受不到教育和医疗服务。另外，女性的平均收入往往低于男性，而且有时不能享有和男性同等的权利。

过去的几十年里，收入不平等和财富分配不均等问题在不断加剧。

全球 42 个最富有的人的总资产，相当于世界上一半人口的财富总和。

1992 年，被称为"地球峰会"的联合国环境与发展会议在巴西里约热内卢成功召开。

2017 年，全球创造的 82% 的财富流向了占人口总量 1% 的最富有的人群。这说明人与人之间的贫富差距是相当大的。

这次大会集合了全世界 180 多个国家和地区的代表，大家承诺要共同改善地球生态，对抗环境污染、全球变暖和物种灭绝等一系列危机。

⑥ 租期

地球不仅有水资源，还有大气层的保护，环境十分宜居。而且它离太阳不远也不近，温度也刚刚好。

太阳的寿命剩下50亿~70亿年。

然而，太阳和其他恒星一样，寿命是有限的。据科学家预计，它将在50亿~70亿年之后"死亡"，而我们的地球也会被它吞噬掉。

不过早在那之前，人类可能就在地球上灭绝了。科学家预测，5 亿年后，地球环境可能就不再适合人类居住了。

5 亿年

昆虫、细菌等生物的租期可能还有 17.5 亿年。但在这之后，即便是最顽强的微生物也会消失。

17.5 亿年

室友

动物

据 2020 年世界自然保护联盟统计，全球有超过 35 500 个濒危物种。

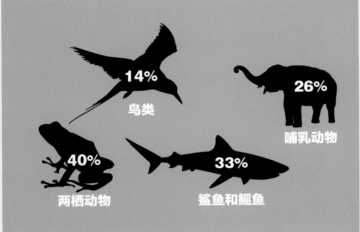

14% 鸟类

26% 哺乳动物

40% 两栖动物

33% 鲨鱼和鳐鱼

世界上到底有多少种生物呢？据统计，地球上已命名的生物大约有 200 万种。

世界上可能还有约 600 万~2 800 万种生物等待人们去发现！

今天

到 2050 年，预计约有 25%~50% 的物种灭绝。原因可能是非法狩猎、过度捕鱼、栖息地被破坏、气候变暖和物种入侵等。物种入侵是什么呢？生物到了新环境，因为没有天敌就会大量繁殖，打破当地生态平衡，最终导致当地的生态系统被破坏。

---

① 租约中断

地球上从出现生命到现在，物种已经经历了 **5 次大灭绝**，每次持续几千万年。如今人们认为，第 6 次大灭绝正在进行中。科学家估计，人类的干扰可能使这次灭绝的速度提高了 100~1 000 倍。

4.4 亿年前，85% 左右的物种灭绝。

可能的原因：地球冰期，大片冰川形成，导致海平面降低。

85%

3.6 亿年前，约 75% 的物种灭绝，尤其是海洋生物。

可能的原因：地球冰期；或陆地大量铁等元素进入水中，引起藻类和细菌大量繁殖，造成海底缺氧。

75%

2.5 亿年前，约 90% 的物种灭绝。

可能的原因：天体撞击地球；或西伯利亚火山爆发，导致大量大气保温气体释放；或盘古大陆形成，引起了气候变化。

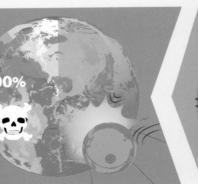
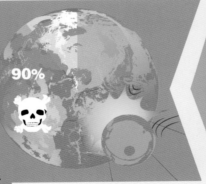

90%

2.08 亿年前，75% 左右的物种灭绝。

可能的原因：盘古大陆分裂，引发频繁的火山活动，进而造成气候改变、海洋酸化等。

75%

6 500 万年前，约 75% 的物种灭绝，当时的地球霸主恐龙也没有幸免。

可能的原因：陨石坠落，引发海啸、地震和火山爆发，灰尘遮天蔽日，植物不能进行光合作用，最终生态系统瓦解。

75%

② 家务分工

生物多样性是一个描述自然界多样性程度的概念，地球上的动物、植物、细菌和真菌等生物都和它息息相关。这些生物适应了自己的生存环境，如沙漠、森林和海洋等，它们与环境共同构成了生态系统。

蚯蚓能吃掉腐烂的植物，再以粪便的形式将分解后的物质返还给土壤，让土壤变得肥沃。

蜜蜂和蝴蝶等动物给开花植物当"媒人"，帮它们传粉，这样很多植物才能结出果实。如果这些动物灭绝了，植物繁殖和人类生存都可能受到威胁。

鲨鱼吃海里的小鱼，小鱼吃浮游植物，而浮游植物不仅能靠光合作用养活自己，还能释放氧气。浮游植物对维持海洋甚至地球的生态平衡至关重要，如果它们减少了，别的生物也可能会灭绝，海洋中就会形成一些死亡地带。

地球生态环境遭到破坏的例子数不胜数，情况太糟糕了！因为地球的生态平衡与住在这里的生物息息相关，生物多样性的退化最终会导致整个生态系统崩溃。

③ 掠夺房间

人类活动时刻都在威胁着其他动物的生存。人类到底做了什么呢？非法狩猎、过度捕鱼、过度开发资源、排放大气保温气体、破坏生物栖息地等。其中栖息地被破坏是物种灭绝的主要原因。人类为了种庄稼、造房子和建工厂等，毁坏了原有的森林和草原，结果是生活在那里的许多生物都灭绝了。

④ 保护室友

如何拯救？

数量惊人的濒危物种出现了，科学家开始思考，该先拯救哪些呢？这时候划分物种的濒危等级就显得十分重要了。人们应该先保护最古老的和受威胁最严重的物种。此外，"伞护种"也得优先保护，因为在保护它们的同时，也为其他物种提供了保护伞。

保护物种多样性的方法：
· 建立自然保护区；
· 禁止偷猎和过度捕捞；
· 将濒危物种重新引入栖息地……

保护环境，从我做起。记住尽量别给花园植物喷洒农药，否则可能会伤害昆虫。在大自然中漫步时，不要随意丢弃垃圾。

意义

保护物种多样性就是在保护地球和人类。动植物的灭绝会切断人类食物和药物的来源。不仅如此，大自然还是我们发明创造的灵感源泉，而且至今仍有大量的物种未被发现。正是因为各种生物的存在，我们的生活才更丰富多彩。所以，一定要和"室友"和谐共处呀！

第二个家

住在另一个星球？

由于距离太远，人类至少需要 6 个月才能从地球抵达火星。

当我们的星球太脏、太热或资源太少时，住进另一个星球倒是个好主意。到那时，我们就得准备搬家了。

② 合适的房屋

水是生命之源。这个星球一定要有水，我们才能生存。此外，这里还得有制作火箭碳氢燃料的原材料。

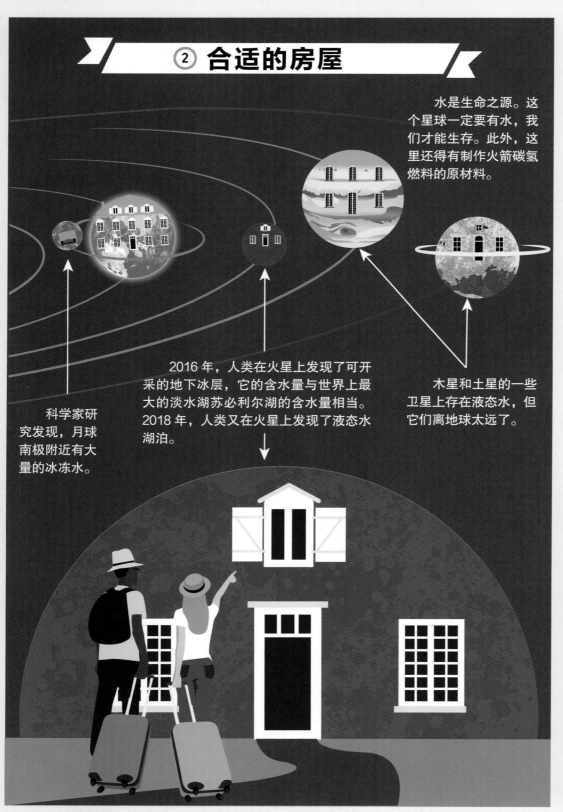

科学家研究发现，月球南极附近有大量的冰冻水。

2016 年，人类在火星上发现了可开采的地下冰层，它的含水量与世界上最大的淡水湖苏必利尔湖的含水量相当。2018 年，人类又在火星上发现了液态水湖泊。

木星和土星的一些卫星上存在液态水，但它们离地球太远了。

③ 模拟火星

如果人类在火星上定居，生活会是什么样的呢？为了寻找答案，科学家进行了一场火星模拟实验，为人类将来的太空旅行和火星生活做准备。

2015 年，6 名科学家住进了一个夏威夷火山上的圆顶屋——实际上是直径 11 米、高 6 米的密封舱，并在里面生活了整整 1 年。大家只能吃粉状奶酪、鱼罐头等食物，穿着整套航天服外出，还得模拟太空通信，忍受超慢的网速。

结果怎么样呢？尽管与世隔绝，接触不到新鲜空气，但每个人都很健康。他们认为，模拟实验成功，真正的火星之旅指日可待。

④ 短期居住：简单装修

住在月球

在月球居住并不容易。月球表面温度变化很大，白天温度可高达 127℃，夜晚可降到 -183℃。月球上没有空气，人类没法在那里正常呼吸。月球也没有全球性的磁场，时刻都在遭受太阳风的侵袭。

住在火星

在火星居住也要克服一系列困难。火星十分寒冷，平均温度为 -63℃。火星上只有稀薄的大气，没有磁场，太阳风能直接抵达它的表面。不过在太阳系的八大行星中，火星最像地球，是唯一有可能改造后适合人类长期居住的天体。

解决办法

科学家在月球上发现了熔岩隧道，这里不像月球表面那样暴露在辐射和极端温度下。有科学家建议把隧道改成密闭的地下通道，并填充上人造大气，这样就能作为人类的栖息地了。

解决办法

第一批火星居民只能住在太空舱里。随后，科学家可以建造封闭基地，使人们的生活空间变大。不过仍和在月球上一样，人在基地外面必须穿航天服。

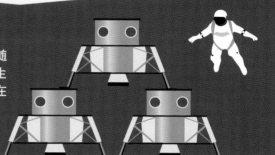

⑤ 长期居住：大型安居工程

没有航天服和氧气面罩，人类能在火星上生活吗？科学家认为有可能，不过得在火星周围建立磁场。一旦磁场阻挡了太阳风，火星大气就能很快建立起来，随后温度也会升高。总之，人们最赞同的方案是将火星"地球化"，也就是让它变成第二个地球。

施工阶段

从第 1 年开始

人们在火星上建造大量化工厂，它们会释放出大气保温气体。由于增厚了大气层，这个星球会变得暖和一些。人们还在火星轨道上安装一面巨型"镜子"，这样阳光被反射到火星表面，火星就可能变得温暖如春。不过在火星上散步时，人们还是得穿航天服。

第 100~1 000 年

一旦冰川融化，大气层变厚，江河湖泊很快就会出现了。这时人们纷纷引进微生物和植物，给大气层补充氧气。人们在外面可能不用再穿厚重的航天服，只需要氧气面罩、氧气瓶和一套轻便的衣服就足够了。

⑥ 月球上的 3D 打印机

如果把月球作为临时基地，人们执行火星任务就更方便了。为了省去从地球运送材料的麻烦，欧洲航天局（ESA）打算就地取材，让机器人操控 3D 打印机，用月球土壤来建造房屋。

第 1 000~10 000 年

大气中氧气变充足了，火星这时候看起来和地球差不多。人们可以在这里自由而舒适地生活。

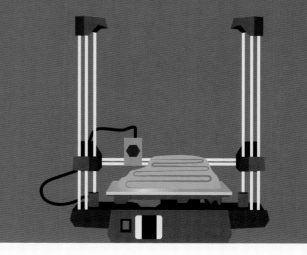

邻居

系外行星和外星生命

地球之外还有生命吗？

早在公元前 4 世纪，希腊哲学家伊壁鸠鲁就说过："存在着无限多个世界，它们有的像我们的世界，有的不像我们的世界。"

1 光年 ≈ 94 605 亿千米

1 光年指光在真空中 1 年内所走过的距离。距离太阳最近的恒星比邻星距太阳约 4.2 光年。

② 近邻

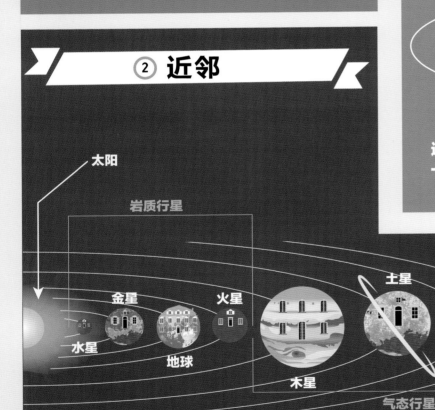

太阳

岩质行星

水星　金星　地球　火星　木星　土星　天王星　海王星

气态行星

以太阳为中心

在太阳系的八大行星中，岩质行星有水星、金星、地球和火星，气态行星有木星、土星、天王星和海王星。它们都围绕着太阳转动。人类在木星和土星的卫星，如木卫二、木卫三、土卫二等天体上找到了液态水。科学家认为那里可能有生命存在。

---

① 别的房屋有人住吗？

自 1995 年以来，科学家发现了约 4 000 颗系外行星，其中很多是较大的气态行星，也有不少岩质行星。这些星球上有生命吗？有可能，因为有一些行星离它们的恒星不远也不近，正好位于宜居带。那里也许有液态水，说不定正孕育着生命呢！

系外行星　　　　　**恒星**

宜居带

1995 年，天文学家发现了第一颗围绕恒星转动的系外行星——飞马座 51b。它和木星很像，但轨道非常接近它的恒星，所以它的表面温度高达 1 000℃。相比寒冷的木星，行星学家称它为"热木星"。

公转周期：约 4 天

这颗行星距离地球约 50 光年，绕恒星转一圈需要约 4 天。

银河系中有 2 000 亿～4 000 亿颗恒星。

宇宙中有无数行星在围绕自己的恒星转动，太阳系之外的行星被称为系外行星。

以比邻星为中心

半人马座的比邻星是离太阳最近的恒星，距太阳约 4.2 光年。在比邻星的周围，有一颗行星绕着它旋转，这就是比邻星 b。这颗行星是已知的距离地球最近的系外行星。科学家在 2016 年发现了它，并对它产生了极大的兴趣。

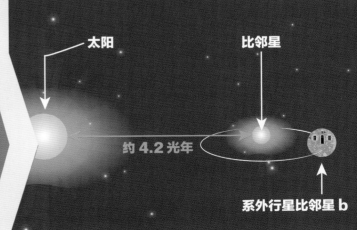

太阳　　　　　**比邻星**

约 4.2 光年

系外行星比邻星 b

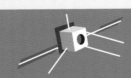

现在最快的太空探测器平均速度约为每小时 264 000 千米，它到达比邻星 b 需要约 1.7 万年。

③ 有外星生命吗？

1959 年，美国物理学家发起了"地外智慧生物搜寻"计划（SETI）。他们利用射电望远镜、计算机等技术手段，尝试捕获外星信号，以此来搜寻地球以外的智慧生命。然而，直到今天也没有捕获到任何有效信号。

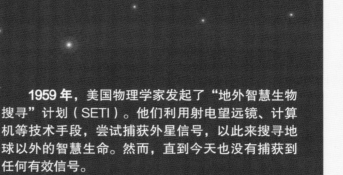

地球上发出的无线电信号得经过约 **4.2** 年才能到达比邻星 **b**。

④ 能和外星生命见面吗？

无法拜访它们

虽然银河系中有数量庞大的恒星，但我们发现的太阳系外的行星数量是相当少的，更何况我们也没有能飞那么远的宇宙飞船。

和外星生命打招呼！

外星智能通讯（METI）专注于给遥远的外星球发消息。人们发射激光和无线电等信号，试图引起外星生命的注意。但科学家们对这个项目看法不一，有科学家对这件事热情满满，也有科学家认为人类应避免联系外星生命，万一它们不友好呢？

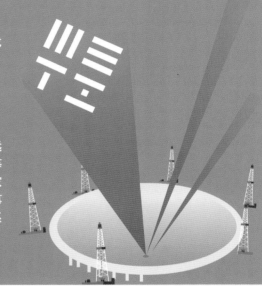

为什么它们不来找我们？

大多数科学家认为，地球之外有生命存在。那它们怎么没联系我们呢？根据让-克劳德·里博和盖伊·莫奈等科学家的说法，有以下几种可能：

1. 目前，外星生命还没有造出能到达地球的超级交通工具。

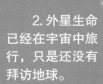

2. 外星生命已经在宇宙中旅行，只是还没有拜访地球。

3. 外星生命发现了我们，并且正小心翼翼地观察着，只是我们没有察觉。

4. 外星生命的历史非常悠久，它们早就来到了地球，还创造了人类！

·词汇表·

抗生素
　　一类能消灭或抑制细菌、真菌等微生物的化学物质。

生物多样性
　　一定空间范围内，植物、动物、真菌、细菌等所有生物物种及其遗传变异和生态系统的复杂性总称，包括基因多样性、物种多样性、生态系统多样性三个层次，是生物资源丰富多彩的标志。

氢弹
　　利用氢的同位素（氘、氚）的核聚变反应来释放巨大能量的核武器。

生态系统
　　一定空间范围内，生物及其生存的环境共同组成的系统。

化石燃料
　　地质历史时期的动植物遗骸演变而成的可燃矿物。

侵蚀作用
　　流水或风等外力对地表形态造成的破坏。

大气保温气体
　　使大气温度保持在比没有含这类气体时高的气体，如二氧化碳、水蒸气和甲烷等。

万有引力
　　宇宙中两个有质量的物体之间具有的相互吸引力。

地下水
　　地面以下岩石和土壤空隙中的水。

转基因
　　利用其他物种的优良基因来改良特定物种的技术。

永续农业
　　一种顺应自然规律的可持续发展的农业形式。这种农业不使用肥料、农药等，并通过各种农业生态系统的设计，使生产物质、生态能量等循环，以达到可持续发展的目的。

气候变暖
　　大气保温气体不断积累，导致地球温度上升的现象。

公转周期
　　一个天体围绕着另一个天体旋转一圈所需要的时间。

岩质行星
　　以硅酸盐岩石为主要成分的行星，比如地球、火星等。

气态行星
　　由巨大的旋转气团和位于中心的较小岩石内核组成的天体，比如木星、土星等。

素食主义者
　　一般指只食用植物，不食用动物的肉所制成的食物的人。而一些纯素食主义者还不使用动物来源或经过动物测试的任何产品，比如服装、洗漱用品或护理产品等。